Dieses Buch ist für:

───────────────

Weißt du noch?
ALS DU HERAUSGEFUNDEN HAST, DASS DU SCHWANGER BIST?

Davon weiß ich folgendes:

Meine schönste Erinnerung

ALS ICH KLEIN WAR

An diese Situation erinnere ich mich gern zurück:

Dieses Spiel hast du häufig mit mir gespielt:

Du bist meine Heldin
UND SUPERWOMAN

Diese Situation musstest du für mich meistern, weil ich mich nicht getraut habe:

Diese Situationen musstest du für mich meistern:

Du bist die Beste

Deshalb bist du die beste Mama!

Das sind wir

Das bist du

SÄTZE, DIE MICH AN DICH ERINNERN

Diese Sprüche erinnern mich an dich:

_____
_____
_____
_____
_____

Dieser Geruch erinnert mich an dich:

_____
_____
_____
_____
_____
_____

MEINE KINDHEIT

Danke, dass du dies immer mit mir gemacht hast:

Wir hatten immer Spaß bei:

Meine liebste Erinnerung
AUS MEINER KINDHEIT

Ich liebe diese Erinnerung und Geschichte:

DEINE EIGENSCHAFTEN

Du bist ein guter Mensch, weil:

Diese Eigenschaften liebe ich:

Meine Mama
DEINE EIGENSCHAFTEN

Diese Eigenschaften machen mich wahnsinnig:

Diese Geschichte erzählst du immer wieder:

Das wünsche ich mir
MEINE EIGENSCHAFTEN

Diese Eigenschaften möchte ich von dir lernen:

Wenn ich etwas dummes gemacht habe, hast du immer:

Meine Schulzeit
GUTE UND SCHLECHTE NOTEN

Wenn ich gute Noten nach Hause gebracht habe, hast du:

wenn sie schlecht waren, hast du:

Meine Schulzeit
DEINE WÜNSCHE FÜR MICH

Du wolltest immer, dass ich diesen Beruf erreiche:

und diesen Beruf wollte ich ergreifen:

Meine Schulzeit

Meine größten Dummheiten

UND WIE DU REAGIERT HAST

Das waren meine größten Dummheiten:

Meine größten Dummheiten
UND WIE DU REAGIERT HAST

So hast du darauf reagiert:

Das kannst nur du!

Das kannst nur du:

_____
_____
_____
_____

Das sollte jede Mama von dir lernen:

_____
_____
_____
_____
_____

Deine Kochkünste

WAS KANNST DU KOCHEN
UND WAS EHER NICHT

Dieses Gericht kochst du und es ist so lecker:

_____

_____

_____

_____

_____

Das schmeckt mir leider nicht so gut:

_____

_____

_____

_____

_____

Deinen Humor könnte man so beschreiben:

Deine besten Witze:

Witze
DEIN HUMOR

Das war das lustigste Erlebnis:

Damit kannst du mich immer zum Lachen bringen:

Das bist du

Dein Aussehen
WORAN DU MICH ERINNERST

Dein Aussehen erinnert mich an:

Das liebe ich daran:

Meine Gedanken

Wenn du eine Superheldin wärst, dann wärst du:

Dein Haarschnitt erinnert mich an:

Deine Antwort, wenn ich dir sage ich lasse mir ein Tattoo stechen:

Für mich bist du so klug wie:

Dein Kleidungsstil erinnert mich an:

Dein liebstes Kleidungsstück:

Meine Gedanken

Dein Lieblingsfilm:

Was machst du im Feierabend:

Dein Hobby:

Dein Parfüm:

Dein Lieblingsessen:

Dein Lieblingsgetränk:

Deine Beruhigungskünste
UND WIE DU MICH GERETTET HAST

Diese Situation hat mich aus der Bahn gebracht:

und so konntest du mich beruhigen:

Meine ersten Erinnerungen
AN DICH

Das ist meiner erste Erinnerung an dich:

_____
_____
_____
_____
_____

In dieser Situation habe ich dich sehr vermisst:

_____
_____
_____
_____
_____

Ich liebe dieses Bild

Du bist meine Superheldin!

DAFÜR BEWUNDERE ICH DICH

Ich bewundere dich für diese Eigenschaften:

In dieser Situation habe ich dich sehr bewundert:

Was ich von dir alles gelernt habe
UND WAS ICH VON DIR LERNEN WILL

Dies hast du mir beigebracht, weißt du noch?

Dies würde ich gern noch von dir lernen:

Der Sommerurlaub

WEISST DU NOCH?

Das war für mich der schönste Sommerurlaub:

Das haben wir hier gemacht:

Was habe ich von dir?

DIESE EIGENSCHAFTEN HAST DU VERERBT

Diese Eigenschaften habe ich definitiv von dir:

An meinem Äußeren habe ich dies von dir:

FÜR DEINE UNTERSTÜTZUNG!

In dieser Situation hast du mir Mut gemacht:

_____
_____
_____
_____

Dies hätte ich ohne dich nicht geschafft:

_____
_____
_____
_____

Gewohnheiten?
WAS DU TÄGLICH MACHST

Wenn du morgens aufstehst:

Dein Abend sieht häufig so aus:

Ein Bild aus dem Alltag

DAS SIND DOCH DIE BESTEN BILDER

Deine Zuneigung
WAS DU TÄGLICH MACHST

Daran habe ich immer gemerkt, dass du mich liebst:

Daran sehe ich im Moment wie viel ich dir bedeute:

Dein Verständnis

FÜR DIESE DINGE HATTEST DU IMMER VERSTÄNDNIS

Dieses Dinge hast du nicht befürwortet, aber akzeptiert:

_____
_____
_____
_____
_____

Diese Dinge hast du nicht befürwortet und auch nicht akzeptiert:

_____
_____
_____
_____
_____

Das perfekte Geschenk
AUS DER KINDHEIT UND HEUTE

Als ich klein war, war dies das schönste Geschenk für dich:

Jetzt könnte ich dir immer dies schenken:

Unsere gemeinsame Zeit

Früher haben wir dies immer zusammen gemacht:

_____
_____
_____
_____
_____

Heute unternehmen wir dies immer zusammen:

_____
_____
_____
_____
_____

Ein Bild von uns:

Meine Wünsche

WENN ICH ALLES ERMÖGLICHEN KÖNNTE:

Das würde ich dir kaufen:

_____

_____

_____

_____

_____

Das würde ich versuchen zu ermöglichen:

_____

_____

_____

_____

_____

Deine Träume:
SOFERN ICH SIE KENNE

Das sind deine Träume:

Das gefällt mir so daran:

Inspiration

Das ist deine Inspiration:

Damit hast du mich inspiriert:

Mein Vorbild
DAMIT HAST DU MICH GEPRÄGT

Als ich klein war hast du daran immer gearbeitet:

Für uns hast du alles getan, aber dies ist mir im Gedächtnis geblieben:

Wenn du

Ein Tier wärst, dann:

Eine Schauspielerin wärst, dann:

Wenn du

eine Regisseurin wärst, dann:

_____
_____
_____
_____

in deiner Traumstadt leben würdest, würdest du:

_____
_____
_____
_____
_____

Ein Bild aus der Kindheit

Wenn ich

Einen Tag aus meiner Kindheit noch einmal erleben könnte, dann:

Wenn ich einen Urlaub noch einmal mit dir erleben könnte, dann:

Spitznamen
MEINE UND DEINE

Wie du mich immer nanntest:

Wie du genannt wurdest:

Wenn ich

mit dir telefoniere, denken Außenstehende:

dich ärgern möchte, dann:

Geduld oder Wutausbruch?

Wenn ich etwas blödes tue, reagierst du?

_____
_____
_____
_____
_____

Damit habe ich einen Wutausbruch verursacht:

_____
_____
_____
_____
_____
_____

Danke

DASS DU DURCHGEHALTEN HAST!

Ich weiß, dass diese Zeit sehr schwer für dich war:

Dafür bin ich sehr dankbar:

Wenn du

Nicht meine Mama wärst, dann:

In dieser Situation anders reagiert hättest, dann:

Weißt du noch?

Was du mir beigebracht hast

Danke, dass du mir dies beigebracht hast:

_____

_____

_____

_____

_____

_____

Von dir habe ich gelernt, dies zu kochen:

_____

_____

_____

_____

_____

_____

Dein Musikgeschmack

Das hast du zu Hause immer gehört:

Von dir habe ich diese Künstler kennen gelernt:

Danke

Danke!

Ich möchte dir für diese Dinge danken:

Ich liebe dich!

DU BIST DIE BESTE MAMA!

Meine Worte an dich:

Copyright
Impressum
Nattawuth Arumsajjakul
Lissaboner Straße 18
30982 Pattensen

www.ingramcontent.com/pod-product-compliance
Lightning Source LLC
Chambersburg PA
CBHW070823220526
45466CB00002B/747